鲑鱼

刺鱼

深海鮟鱇

金凤蝶

蜜蜂

蚜虫

青蟹

紫海胆

蜗牛

图书在版编目（CIP）数据

我的 99999 个兄妹 /（法）让·巴蒂斯特·德·帕纳菲厄文 ;（法）安娜·丽莎·孔博图 ; 丁梦洁译 . -- 北京：北京时代华文书局，2019.7
（一群动物成了精）
ISBN 978-7-5699-3035-1

Ⅰ . ①我… Ⅱ . ①让… ②安… ③丁… Ⅲ . ①自然科学－儿童读物 Ⅳ . ① N49

中国版本图书馆 CIP 数据核字 (2019) 第 086644 号

Drôles De parents
Auteur: Jean-Baptiste de panafieu
Illustrateur: Anne-Lise Combeaud
© 2015-2017, Gulf stream éditeur
www.gulfstream.fr
All Right Reserved.
This translation edition published by arrangement with Gulf stream éditeur through Weilin BELLINA HU.
版权登记号 01-2018-2383

一群动物成了精　我的 99999 个兄妹
Yiqun Dongwu Chenglejing　Wode 99999 Ge Xiongmei

著　　者｜（法）让·巴蒂斯特·德·帕纳菲厄 / 文；（法）安娜·丽莎·孔博 / 图
译　　者｜丁梦洁

出 版 人｜王训海
策划编辑｜许日春
责任编辑｜许日春　沙嘉蕊　王　佳
审　　订｜张小峰
装帧设计｜九　野　孙丽莉
责任印制｜刘　银

出版发行｜北京时代华文书局 http://www.bjsdsj.com.cn
　　　　　北京市东城区安定门外大街 138 号皇城国际大厦 A 座 8 楼
　　　　　邮编：100011 电话：010-64267955 64267677
印　　刷｜小森印刷（北京）有限公司　　电话：010 － 80215073
　　　　　（如发现印装质量问题，请与印刷厂联系调换）
开　　本｜889mm×1194mm　1/16　印 张｜3　字 数｜37.5 千字
版　　次｜2019 年 9 月第 1 版　　印 次｜2019 年 9 月第 1 次印刷
书　　号｜ISBN 978-7-5699-3035-1
定　　价｜39.80 元

一群动物成了精

YI QUN DONG WU CHENG LE JING

我的99999个兄妹

（法）让·蒂斯特·德·帕纳菲厄/文 （法）安娜·丽莎·孔博/图 丁梦洁/译

北京时代华文书局

狼

身份证

类别：哺乳动物
长度：最长可达1.3米
（包括尾巴）
寿命：13年
分布区域：几乎整个北半球
栖息地：森林、干草原、冻原

我是狼：

我是阿尔卑斯狼群的一分子。狼群由十几只狼组成，既有成年狼，又有幼年狼。冬天，我们跑遍群山。我们既捕食像田鼠或野兔这样的小型猎物，也追捕像羚羊或狍子这样的大型猎物。当没有牧羊犬或人类看管时，我们也会攻击羊群。

狼的父母

在狼群中，并非所有的狼都是平等的。其中有一对优势配偶——一只公狼和一只母狼，来领导狼群，并能在捕猎后优先享用食物。它们是唯一能繁衍后代的成年狼。而其他成年狼则和幼狼一样，不能繁衍后代。

狼的孩子

母狼会在地面上挖一个洞。春末，它在那里产下5~7只幼崽。这些狼崽既看不见东西，也听不到声音！母狼会哺乳六周之久，之后会喂给它们其他狼带回来的肉。秋天，小狼崽就开始和狼群一起捕猎了。

什么？

呱呱呱

身份证

类别：哺乳动物

肩高：最高可达1.5米

寿命：27年

分布区域：欧洲、亚洲

栖息地：森林

公鹿

我是公鹿：

在森林里，我吃青草和灌木枝。冬天，我就吃植物幼苗的枝条和树皮。我头上的"树枝"可不是木头，而是骨头！到了冬天，它们就会脱落，一到春天，又会重新长出来。每一天，它们都会变得更大一些，分支也变得更多些。

公鹿的父母

公鹿们成群地生活在一起。秋天，它则会接近母鹿。因此，它会与其他公鹿用鹿角打斗，只有胜出的那方才有资格进行繁殖。之后，公鹿会离开母鹿，对小鹿就不管不顾了。

公鹿的孩子

大约在五月，母鹿会产下小鹿。小鹿一出生就会站立，而且很快就会吃奶。母鹿和小鹿只会单独在一起几天，然后它们就会重新回到鹿群。到两个月大时，小鹿就开始自己觅食了，但母鹿还会再继续保护它一年。

象海豹

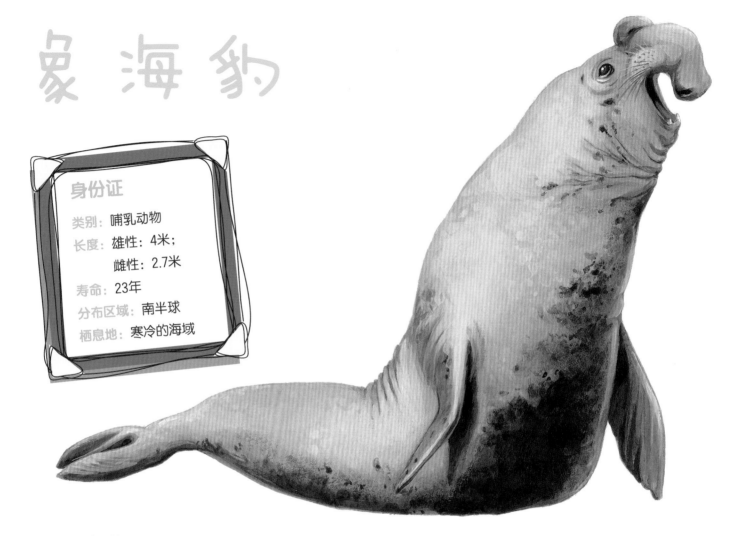

身份证

类别: 哺乳动物

长度: 雄性: 4米;
　　　 雌性: 2.7米

寿命: 23年

分布区域: 南半球

栖息地: 寒冷的海域

我是象海豹:

　　我是一只巨大的象海豹,在水中时,我能自由自在地活动,但在地面,行动会有些迟缓。我喜欢极地冰凉的海水,我身上厚厚的脂肪层能为我抵御严寒!我以鱼和乌贼为食,就算它们在2000米深的海底,我也能追捕到它们。我也喜欢躺在海岸上,沐浴着阳光,美美地睡上一觉!

象海豹的父母

春天，雄性象海豹会互相打斗。它们的体重是雌性的8～10倍，体型大的象海豹在打斗中更占优势。一般来说，最强壮的象海豹可以在海岸上拥有一小片专属领地。它还可以和领地内的雌性象海豹繁殖后代。

象海豹的孩子

在雄性象海豹打斗期，雌性会产下怀了一年的小象海豹。一般来说，每只雌性一次只能产下一只幼崽。象海豹妈妈的哺乳期是三周左右，在这段时间里，它不会去海里觅食。等到小象海豹会游泳后，它才开始去海里捉鱼吃。

味溜

扑通

11

裸鼹鼠

我是裸鼹鼠：

我和我的整个家族一起住在地下隧道，我们可是有着超过200个成员的裸鼹鼠家族！我用牙齿来挖土。当我找到树根时，会将其啃咬下来，然后把它作为食物带回我们挖好的地下洞穴中的一个。虽然生活在黑暗中，但我却能活动自如，因为我有着十分敏感的胡须。我还能通过气味来判断其他裸鼹鼠所在的方位。

身份证

类别： 哺乳动物

长度： 11～12厘米
（不包括尾巴）

寿命： 2～3年（但如果被圈养起来的话，可以超过30年）

分布区域： 东非

栖息地： 半沙漠地带、热带草原

鼹鼠的父母

在一群裸鼹鼠中，只有一只雌裸鼹鼠能够繁殖。这只被称作"女王"的裸鼹鼠比其他裸鼹鼠更胖，它的雄性特征比雌性特征更明显。它会选择几只雄性裸鼹鼠进行交配，但裸鼹鼠群中的所有裸鼹鼠都会为它觅食，并照顾它的孩子。

裸鼹鼠的孩子

裸鼹鼠女王一年会产仔五次，每次会产下十几只小裸鼹鼠。刚出生时，小裸鼹鼠的体重差不多只有两克。裸鼹鼠女王会给小鼹鼠们喂奶一个月，然后，其他成年裸鼹鼠就会来照顾、喂养它们。很快，小裸鼹鼠们就能开始在隧道中工作啦！

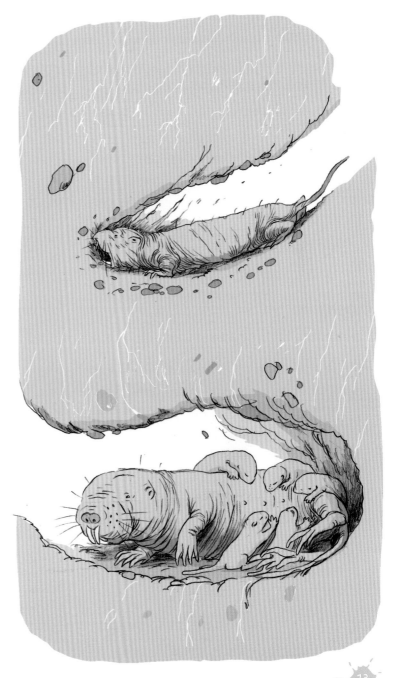

树袋熊

身份证

类别：哺乳动物

长度：78厘米

寿命：13年

分布区域：澳大利亚

栖息地：桉树林

我是树袋熊：

我一整天都待在桉树上。我是少数几种能食用含有毒素的桉树叶的动物之一！当我不能在一棵树上吃到充足的树叶时，我会用强壮的爪子沿着树干慢慢爬下来。一旦到了地面，我就会寻找另一棵桉树，然后爬上去！在高处，我可以免受捕食者的侵扰。

树袋熊的父母

雄性树袋熊比雌性树袋熊稍大一点儿，但它们看上去非常相似。就像袋鼠一样，树袋熊也属于有袋类动物。这表示雌性树袋熊有一只"育儿袋"，也就是它肚子上的一道褶皱，树袋熊宝宝可以在里面长大。

挠挠

树袋熊的孩子

小树袋熊出生时，体重甚至都不到1克。它看不见东西，皮肤也是裸露的。它会钻进妈妈的育儿袋里，挂在妈妈的乳房上喝奶。到差不多6个月大的时候，小树袋熊就能从育儿袋里出来，开始自己吃树叶了。

鸭嘴兽

身份证

类别：哺乳动物

长度：39~60厘米

寿命：17年

分布区域：澳大利亚和
塔斯马尼亚岛

栖息地：陡峭的河岸

我是鸭嘴兽：

我大部分时间都待在水里，抓生活在沙子里的蠕虫和小虫子吃。我通过划动胳膊来游泳，用后肢和扁平的尾巴来控制方向。在水下，我会把眼睛和鼻孔闭上，但我还是可以追捕猎物，因为我鸭嘴形的嘴巴超级敏感。

鸭嘴兽的父母

在和雌性鸭嘴兽一起游泳时，雄性鸭嘴兽会向它求爱。之后，雌性鸭嘴兽会在河岸边挖一个洞，在里面产下两颗蛋。十几天后，它就能孵出小鸭嘴兽。鸭嘴兽是非常罕见的会产卵的哺乳动物之一！

嗬！惊喜！

鸭嘴兽的孩子

刚出生的小鸭嘴兽看不见东西，皮肤几乎是裸露的。它们的妈妈会给它们喂奶。鸭嘴兽妈妈没有乳房，小鸭嘴兽通过舔舐妈妈的皮毛来喝奶。三四个月后，鸭嘴兽妈妈会让孩子走出洞穴。这样，它们就能在水中捕食小动物了。而雄性鸭嘴兽，只是待在一边，完全不照顾小孩！

17

鸽子

身份证

类别：鸟类

翼展：68厘米

寿命：6年

分布区域：欧洲、亚洲、非洲

栖息地：多岩石地区、城市

我是鸽子：

在大自然中，我喜欢在悬崖或是岩石上筑巢。在城市中，建筑的正面和阳台则是我的完美筑巢之地！因为我不怎么挑三拣四，所以我有什么就吃什么：面包屑、扔在市场上或是垃圾桶中的剩菜，还有花园中的各种虫子！

18

咕咕
咕咕咕！

鸽子的父母

雄性鸽子通过炫耀自己来向雌性鸽子求爱。它在"女士"面前展开羽毛走来走去、鼓起脖子咕咕叫。如果对方答应了它的求爱，它们就会成为一辈子的夫妻。到了春天，雄性鸽子会用树枝和草筑巢。

鸽子的孩子

雌性鸽子会产下两颗蛋，然后和雄性鸽子一起孵化。十八天后，小鸽子就被孵出来了。爸爸、妈妈会从嗉子里产出一种糊状食物来喂小鸽子，之后，它们会给孩子们喂植物的种子。五个星期后，小鸽子们就会飞了。

杜鹃

我是杜鹃：

我喜欢森林和乡村，因为我能在那儿找到虫子吃，尤其是那些其他鸟儿都不吃的胖胖的毛毛虫。我习惯独居，但到了春天，我就会唱起我的著名曲目"咕咕，咕咕"，来吸引异性。到了秋天，我会飞到非洲过冬，春天时我又会飞回来。

身份证

类别：鸟类

翼展：60厘米

寿命：13年

分布区域：非洲、亚洲、欧洲

栖息地：森林、乡村

20

杜鹃的父母

雌性杜鹃会找一个小鸟的巢，通常是大苇莺的巢。等大苇莺离开巢穴时，杜鹃就会飞进去。没多久，它就会挤走巢中的一颗蛋，然后产下自己的蛋。之后，它便果断地离开。大苇莺回来后，什么都发现不了。

杜鹃的孩子

小杜鹃出生后，就会把其他的蛋全都推出鸟巢，然后张大嘴巴嗷嗷待哺。大苇莺父母会给它喂虫子吃，就像它是它们自己的孩子一样！在大苇莺的喂养下，小杜鹃很快就能长大，三周后，它就能飞了。

21

尼罗鳄

身份证

类别： 爬行动物

长度： 最长可达6米

寿命： 100年

分布区域： 热带非洲

栖息地： 河、湖、沼泽

我是尼罗鳄：

　　我生活在非洲的湖泊和大河中（不只是在尼罗河）。我在水下游得很快，但我要浮上水面呼吸。捕食时，我可以几个小时一动不动，等待动物过来喝水。这时，我会张着血盆大口扑向它！然后，我会静静地躺在河岸上，用几天时间来消化猎物。

尼罗鳄的父母

雄性尼罗鳄通过发出吼叫来向雌性求爱，同时用鼻子大声呼吸或者用嘴拍打水面。通常，雌性尼罗鳄会选择体型最大的异性。交配后的两个月，雌性尼罗鳄会在河边沙地挖洞，并在那里产卵。

尼罗鳄的孩子

在沙地里，尼罗鳄的蛋很容易就能在阳光下升温。如果温度在32～35℃之间，孵出来的小尼罗鳄就会是雄性的。如果沙子的温度太高或是太低，那么孵出来的就会是雌性！孵化后，尼罗鳄妈妈会照顾小尼罗鳄两年。

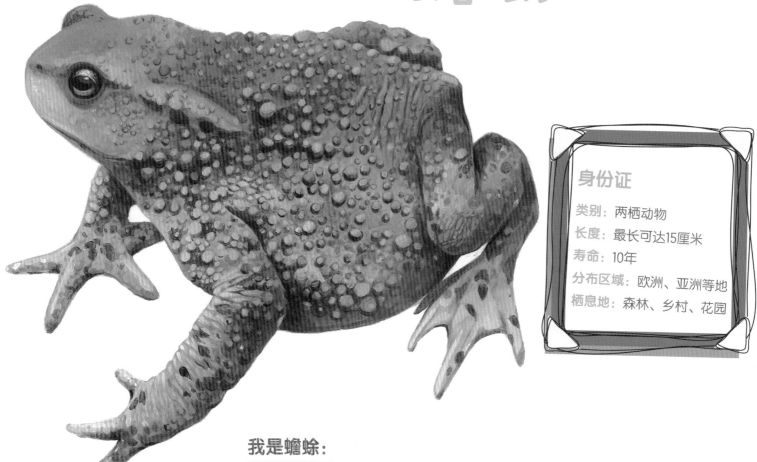

蟾蜍

身份证

类别：两栖动物

长度：最长可达15厘米

寿命：10年

分布区域：欧洲、亚洲等地

栖息地：森林、乡村、花园

我是蟾蜍：

白天，我躲在石头下，或是藏在落叶中。晚上，我会去找小动物吃：蚯蚓、毛毛虫、飞虫、蠕虫……我一看到猎物移动，就会伸出黏黏的舌头。这样既能把虫子打晕，又能把它粘住饱餐一顿。但如果猎物没有移动，那我就无法在石堆和草丛中找到它了！

蟾蜍的父母

春天，蟾蜍会回到自己出生的沼泽。雄性蟾蜍通过歌声来相互竞争。在水中，它用前肢抓紧雌性蟾蜍。雌性蟾蜍会产下数千枚卵，同时，雄性蟾蜍会用白色薄浆进行授精，这是一种白色液体，当中含有它的精子。然后，这些蟾蜍卵就被它们的父母抛弃了。

蟾蜍的孩子

两周后，这些蟾蜍卵就会变成蝌蚪。它们有着大大的椭圆形头部和长长的尾巴，但是没有四肢。几周后，它们会进行变态发育：长出四肢，尾巴消失。变成小蟾蜍后，它们就会从水中离开，过上陆地生活。

25

鲑鱼

身份证

类别：鱼类

长度：最长可达1.5米

寿命：13年

分布区域：欧洲、
         北大西洋

栖息地：河、海

我是鲑鱼：

　　我既是淡水鱼，又是海鱼，当然，我不能同时生活在淡水中和海水中！我几年前就在海里生活了。我喜欢在海洋中游弋，追捕小鱼小虾，但不会游得离岸太远。在游动时，我能感受到我出生和成长的那条河流的气息，便不由自主地被吸引，然后迅速地游入我的母亲河。

鲑鱼的父母

　　成年鲑鱼为了回到它们出生的河流，可谓是付出了巨大的代价。在平静清澈的沉沙水域，雌性鲑鱼产下近20000颗卵，雄性鲑鱼产下精液为其授精。之后，鲑鱼父母就会回到海里。但它们经常会因为过于劳累而在归途中死去。

鲑鱼的孩子

　　破卵而出的小鲑鱼有一只腹袋，可以为它们提供好几天的食物。当腹袋空了，小鱼就得自己在河里找虫子或其他小东西吃。当它们两三岁时，会跟着水流游向大海，在回到河流之前，它们会在海里生活好几年。

27

刺鱼

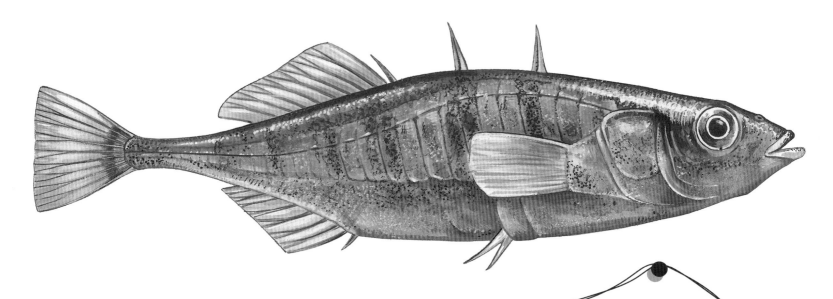

我是刺鱼：

　　我是河里的一条小鱼，但我有些亲戚生活在海里。我以淡水中的小型动物如蠕虫、虾或虫子为食。当我发现捕食者时，会竖起身上的刺武装背鳍！但加入刺鱼群，才是我对自己的最佳保护。我们三五成群聚集在一起，可以更轻易地躲避追捕我们的鸟类或鱼类！

身份证

类别： 鱼类

长度： 3～9厘米

寿命： 6年

分布区域： 欧洲、亚洲、北美

栖息地： 河流、河口

刺鱼的父母

雄性刺鱼的腹部是鲜红色的，而雌性刺鱼的腹部则是银灰色的。为了吸引异性，雄鱼用藻类和断草筑巢。然后，它就开始跳"之"字形舞蹈，雌鱼也会和它一起跳。最后，它把雌鱼吸引到巢穴，雌鱼会在那儿产下上百枚鱼卵。

刺鱼的孩子

雄鱼会击退其他鱼类，保护鱼卵，维持巢穴的平静。一周后，小鱼会破卵而出，而雄鱼则还会再保护小鱼们好几天。之后，小鱼就能独立生活了。

29

海马

身份证

类别：鱼类

长度：10厘米

寿命：3年

分布区域：北大西洋、地中海

栖息地：水草丛、浅海石堆

我是海马：

我生活在海岸附近的海域。体表覆盖着的骨壳使我变得更有重量。虽然我被保护得很好，但这层盔甲让我的行动变得迟缓，何况我的鱼鳍非常小，又是直立游泳的！当水流过急时，我会用尾巴紧紧抓住海藻。我通过管状的嘴巴吸食小型浮游生物。

海马的父母

海马的父母会在一起共度一生。当雌海马准备产卵时，雄海马会候在它面前，将产下的卵放进自己腹部的育儿袋里。肚子里装着上百颗卵，被撑得鼓鼓的。这些海马卵会在海马爸爸肚子里待3～4周。

亲爱的，工作了！

咕噜

海马的孩子

当小海马破卵后，它们会一个接一个地从雄海马的育儿袋里出来。它们外表看上去已经和成年海马一样了，只是身长还不到10毫米。在重新回到海底前，它们会在茫茫大海中过上几周的漂游生活。

呃！

嗨嗨嗨

哇啊啊！

深海鮟鱇

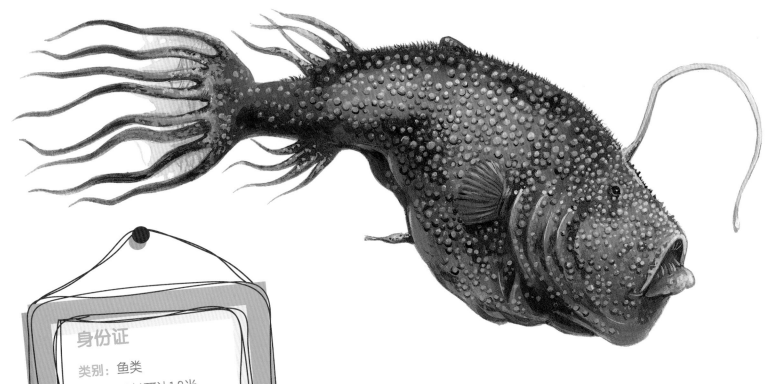

身份证

类别：鱼类

长度：最长可达1.2米

寿命：未知

分布区域：除了极地水域
的所有海洋

栖息地：400～4000米深
的海底

我是深海鮟鱇：

我住的地方是2000米深的海底，这儿永远都是黑夜。但我还是能看到其他鱼产生的丝丝微光。至于我自己，我头上有一根杆子，末端挂着一个发光的小球，可以把小鱼小虾吸引过来。这时我会突然张开嘴，一口气把它们都吞下！

深海鮟鱇的父母

　　所有胖胖的、身长超过20厘米的鮟鱇都是雌性。而雄性鮟鱇则非常小。当它还是小鱼时，会朝雌鱼的光游去。它会咬住雌鱼腹部的触须，之后，雄性鮟鱇的身体逐渐融合于雌鱼体内，只留下雄性生殖器官在雌鱼体外。而雌鱼则用自己的血液喂养它！

深海鮟鱇的孩子

　　当雌鱼产卵时，雄鱼会马上产出鱼精，为鱼卵授精。鮟鱇父母都不会照料鱼卵，任它们在水中漂浮。破卵而出的小鱼中，有些会变成巨大的雌鱼，而那些雄鱼则一直都那么小。

金凤蝶

我是金凤蝶：

我是欧洲大型的蝴蝶之一！和其他蝴蝶一样，我穿梭于花丛间。我最喜欢的就是花蜜了，这是一种甜甜的汁液，只有在花瓣底部才能找到。我能用长长的吸管状的口器吸食花蜜！顺便说一句，我还会为花儿授粉。多亏了花粉，花儿们才能繁衍下去。拿花蜜交换花粉，这可是笔货真价实的买卖！

身份证

类别：昆虫

翅展：8~10厘米

寿命：几个月

分布区域：欧洲、亚洲、北美洲

栖息地：草地

啪啦啪啦啪啦啪啦

金凤蝶的父母

　　雄性金凤蝶和雌性金凤蝶外形非常相似，它们靠气味来互相分辨。雄性金凤蝶用"求婚舞"来吸引异性，就是在飞的时候振动翅膀。交配时，它们会将腹部相交。之后，雌性金凤蝶就会在野生胡萝卜花或茴香花上产下150枚左右的卵。

金凤蝶的孩子

　　小小的毛毛虫很快就会破卵而出，开始啮咬植物的叶子。当毛毛虫长得足够大时，就会用茧把自己裹住，变成蝶蛹。蛹内进行着变态发育：毛毛虫变成成年蝴蝶，破茧而出。

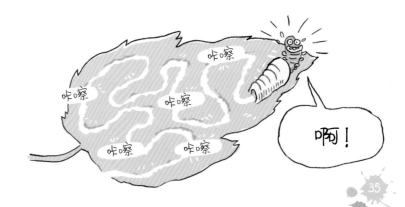

啊！

蜜蜂

身份证

类别： 昆虫

长度： 12毫米

寿命： 几个月

分布区域： 全世界

栖息地： 蜂巢

我是蜜蜂：

　　早晨，我从居住的蜂巢中飞出。我飞过一朵又一朵的花，采集花蜜和花粉。然后回到蜂巢，把劳动成果交给我的姐妹们，让它们酿造出蜂蜜。我们的蜂群中有50000多只蜜蜂，每只蜜蜂都分工明确：有的负责打扫蜂巢、有的负责喂养幼蜂、有的负责采蜜……人们叫我们工蜂！蜂巢里还住着蜂后和几只雄蜂。

蜜蜂的父母

在蜂巢中，有一只蜜蜂比其他的都大。人们叫它蜂后。蜂后出生时，工蜂会为它提供一种特殊的食物，这使它区别于其他蜜蜂。之后，它会飞出蜂巢，身后跟着几只雄蜂。一旦受精，蜂后就会回来，然后什么也不做，就只产卵。

咔嚓

咔嚓

蜜蜂的孩子

工蜂将卵放到它们建造的巢房中。小小的幼虫破卵而出，工蜂会给它们喂食。幼虫长大后会进行变态发育：它们会变成成年蜜蜂，从巢房中出去，马上开始工作。

蚜 虫

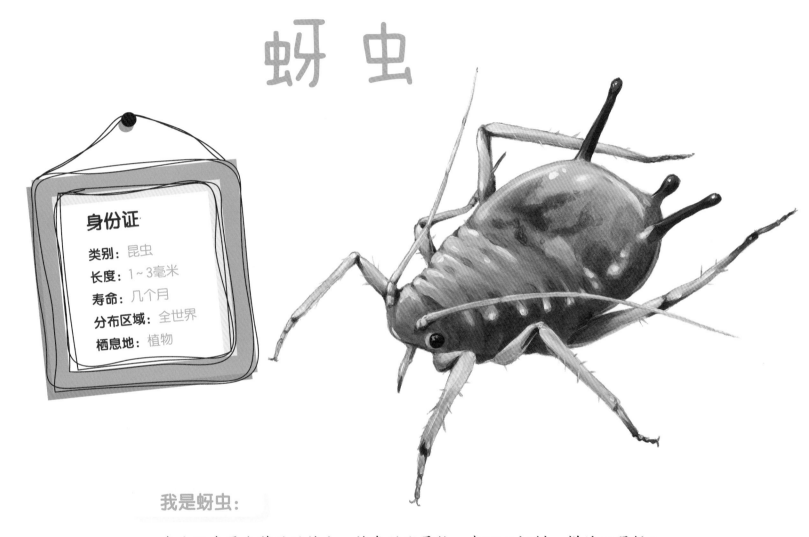

身份证

类别：昆虫

长度：1~3毫米

寿命：几个月

分布区域：全世界

栖息地：植物

我是蚜虫：

　　我生活在旱金莲的幼枝上。枝条幼嫩柔软，我可以把刺一样的口器插入其中。口器是一种管状器官，让我可以吸食植物汁液。我可以从汁液中摄取我成长所需的所有糖分。当然了，园丁们可不大喜欢我，因为我损害花朵。但我得吃东西呀！

蚜虫的父母

在一年中的一段时间里，蚜虫中是没有雄性，只有雌性的。雌性蚜虫产下雌性若虫，雌性若虫长大后又产下雌性若虫。整个夏天，蚜虫都是这样一代代繁衍的。

蚜虫的孩子

秋天，雄性蚜虫和雌性蚜虫出生了。这些蚜虫长有翅膀，分散生活在它们附近的植物上。交配后，雌性蚜虫会产下一些特殊的卵，这些卵能抵御冬天的寒冷。春天时，若虫将会破卵而出，马上开始吸食植物汁液，并产下其他雌性若虫！

青蟹

身份证

类别：甲壳类动物

长度：最长可达9厘米

寿命：10年

分布区域：大西洋东北部、
英吉利海峡

栖息地：海岸边的沙石之中

我是青蟹：

我生活在海中，但也能离开水好几个小时。所有经过我身边的东西我都能用钳子夹住吃掉：虾、虫、死鱼。我甚至可以夹碎小贝壳。当我受到威胁，或其他螃蟹想抢我的猎物时，我会把两只张开的大钳子举在身前。因为这个，人们就叫我"愤怒的螃蟹"，这太不公平了！

青蟹的父母

秋天，雄性会寻找雌性交配。它用钳子抓住雌性青蟹，双方腹部相对。之后它们就会分开。雌性青蟹会产下100000多颗卵！这些卵集聚成橙色的一大团，雌蟹将它们携带在腹部之下好几个月。（不同种类的雌蟹抱卵时间长短不一，最长可达数月之久。）

青蟹的孩子

溞状幼体从卵中孵出。它们看上去一点儿都不像螃蟹，但已经很会游泳了。它们会在海中度过差不多两个月的时间。在这段时间里，它们会进行变态发育，变成真正的小螃蟹，落到水底，开始像成年螃蟹一样生活。

41

紫海胆

我是紫海胆：

我住在非常易碎的壳中，但我的刺却能很好地保护我。我生活在一块岩石上，多亏了覆盖在壳上的小触手，让我能在岩石上来去自如。我的嘴长在身体下，正对着岩石，我有五颗牙，可以轻易地吃下我在爬行途中发现的藻类。

紫海胆的父母

海胆既没有眼睛，也没有耳朵，但它的嗅觉十分灵敏。春天时，雄性海胆和雌性海胆会散发出一种特殊的气味，这种气味在水中飘散。这使雄性海胆释放出精液。雌性则会产下淡红色的卵。卵和精液漂浮在水中，当一颗精子遇到一颗卵，就会进入其中。这就是受精。

紫海胆的孩子

受精卵会很快变成幼体，它看上去和成年海胆完全不同。幼体长半毫米，形状呈埃菲尔铁塔状！没有人照顾它。几周时间里，它独自在水中漂浮，然后落入水底。这时，它就会变成极小的海胆，然后开始吃微型藻类，逐渐长大。

蜗牛

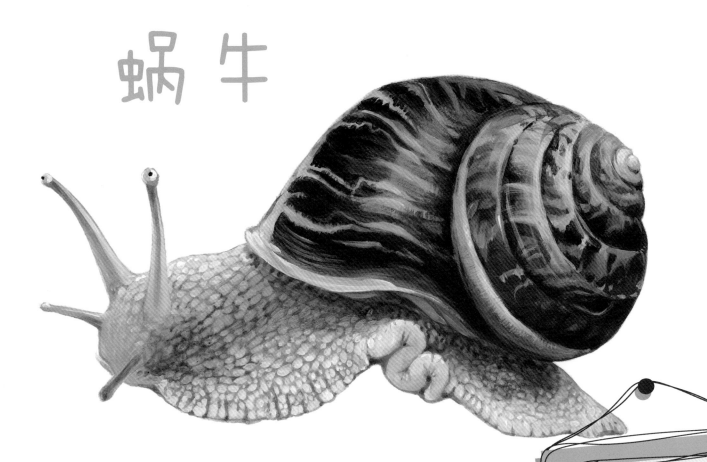

我是蜗牛：

　　我是一只生活在陆地上的蜗牛，吃花、草、水果或蔬菜。我的壳将我保护得很好，但我仍要提防鸟、蜥蜴或百足虫这些捕食者！我喜欢潮湿的天气，如果天气太干燥，我就会躲在身后的壳里，用黏液封住壳口。

身份证

类别： 软体动物

长度： 最长可达35毫米

寿命： 5年

分布区域： 欧洲、北非、
亚洲等地

栖息地： 乡村、花园

蜗牛的父母

蜗牛既是雄性，也是雌性：我们称之为雌雄同体。当两只蜗牛交配时，双方都会用精液为对方授精。几天后，它们会把卵产在地面挖好的洞中。

蜗牛的孩子

2~3周后，蜗牛卵孵化完成。小蜗牛会从卵中出来，然后爬到地面。它们外形和妈妈一样，只是它们的壳太薄了，几乎是透明的。它们必须马上学会独立生存。要想长成成年蜗牛，它们还需要1~2年的时间。